BEI GRIN MACHT SICH IHR WISSEN BEZAHLT

- Wir veröffentlichen Ihre Hausarbeit, Bachelor- und Masterarbeit

- Ihr eigenes eBook und Buch - weltweit in allen wichtigen Shops

- Verdienen Sie an jedem Verkauf

Jetzt bei www.GRIN.com hochladen und kostenlos publizieren

Sven-David Müller

Ernährung und Diät bei der Eisenspeicherkrankheit Hämochromatose

GRIN Verlag

Bibliografische Information der Deutschen Nationalbibliothek:

Die Deutsche Bibliothek verzeichnet diese Publikation in der Deutschen Nationalbibliografie; detaillierte bibliografische Daten sind im Internet über http://dnb.d-nb.de/ abrufbar.

Dieses Werk sowie alle darin enthaltenen einzelnen Beiträge und Abbildungen sind urheberrechtlich geschützt. Jede Verwertung, die nicht ausdrücklich vom Urheberrechtsschutz zugelassen ist, bedarf der vorherigen Zustimmung des Verlages. Das gilt insbesondere für Vervielfältigungen, Bearbeitungen, Übersetzungen, Mikroverfilmungen, Auswertungen durch Datenbanken und für die Einspeicherung und Verarbeitung in elektronische Systeme. Alle Rechte, auch die des auszugsweisen Nachdrucks, der fotomechanischen Wiedergabe (einschließlich Mikrokopie) sowie der Auswertung durch Datenbanken oder ähnliche Einrichtungen, vorbehalten.

Impressum:

Copyright © 2011 GRIN Verlag GmbH
Druck und Bindung: Books on Demand GmbH, Norderstedt Germany
ISBN: 978-3-656-29038-4

Dieses Buch bei GRIN:

http://www.grin.com/de/e-book/202968/ernaehrung-und-diaet-bei-der-eisenspeicherkrankheit-haemochromatose

GRIN - Your knowledge has value

Der GRIN Verlag publiziert seit 1998 wissenschaftliche Arbeiten von Studenten, Hochschullehrern und anderen Akademikern als eBook und gedrucktes Buch. Die Verlagswebsite www.grin.com ist die ideale Plattform zur Veröffentlichung von Hausarbeiten, Abschlussarbeiten, wissenschaftlichen Aufsätzen, Dissertationen und Fachbüchern.

Besuchen Sie uns im Internet:

http://www.grin.com/

http://www.facebook.com/grincom

http://www.twitter.com/grin_com

Ernährung und Diät bei der Eisenspeicherkrankheit Hämochromatose

Von Sven-David Müller, MSc.

Die Eisenspeicherkrankheit Hämochromatose wird nicht in erster Linie durch eine spezielle Diät, Ernährungsumstellung oder Ernährungstherapie behandelt. Dafür werden ärztlicherseits in erster Linie Aderlässe vorgenommen. Aber natürlich spielt bei der Eisenspeicherkrankheit Hämochromatose auch die Ernährung eine Rolle. Insgesamt ist es für Hämochromatose-Patienten wichtig, die Richtlinien einer ausgewogenen Ernährungsweise einzuhalten. Und es sollten spezifische Zusatzregeln, die besonders bei Hämochromatose gelten, von den Patienten beachtet werden. In jedem Falle ist eine individuelle Ernährungsberatung durch qualifizierte Diätassistenten erforderlich. Zudem sollten sich die Hämochromatose-Betroffenen einer Selbsthilfegruppe und gegebenenfalls auch der Deutschen Leberhilfe e.V. anschließen. Auch für Hämochromatose-Patienten gibt es eine spezielle Fachgesellschaft, die sich um die Belange von Menschen, die unter der Eisenspeicherkrankheit Hämochromatose leiden, kümmert.

In jedem Falle sollten Hämochromatose-Patienten eine eisenreiche Ernährungsweise vermeiden. Sie müssen sich aber auch nicht eisenarm oder extrem eisenarm ernähren. Das ist wissenschaftlich eindeutig geklärt. Es ist in jedem Falle sinnvoll, den Eisengehalt von Lebensmitteln zu beachten. Auch sollten die Betroffenen keine Eisenpräparate einnehmen. Zudem sollten Sie bei allen Nahrungsergänzungsmitteln darauf achten, dass keine Eisen enthalten ist. Die Zufuhr von Vitamin C (Askorbinsäure/Ascorbinsäure) sollte auf maximal 500 mg beschränkt werden. Hier ist zu beachten, dass Menschen mit der Eisenspeicherkrankheit keine Vitamin C haltigen Präparate einnehmen sollten und auch keine Vitamin C reichen Lebensmittel zu eisenreichen Speisen – wie Fleisch – aufnehmen sollten. Vitamin C fördert nämlich die Eisenaufnahme aus der Nahrung. Die Einnahme von Nahrungsergänzungsmitteln sollte grundsätzlich mit dem behandelnden Arzt und Diätassistenten besprochen werden. Zudem sollten Menschen mit der Eisenspeicherkrankheit Hämochromatose auf Alkohol verzichten. Das trifft umso mehr zu, wenn die Leber durch die Eisenspeicherung bereits geschädigt wird. In jedem Falle ist ein Alkoholverbot bei Leberzirrhose einzuhalten. Sonst können sich Hämochromatose-Patienten ganz normal ernähren. Wenn es im Verlauf der Eisenspeicherkrankheit zu Organschädigungen – insbesondere der Leber – kommt, müssen spezifische diätetische Regeln eingehalten werden. Diese sind beispielsweise dem Ernährungsratgeber Leber oder dem Buch köstlich essen für Leber und Galle zu entnehmen.

Ebenso ist es für Hämochromatose-Patienten wichtig, dass sie sich genau mit der Zusammensetzung der Nahrung auseinandersetzen. Hier kommt es besonders auf den Eisengehalt der Lebensmittel und Speisen an. Im Anhang dieses Fachartikels ist eine ausführliche Eisentabelle zu finden. Patienten, die sich noch weiter mit der Zusammensetzung der Ernährung befassen möchten, sei das Kalorien-Nährwert-Lexikon empfohlen. Nachfolgend weitere Informationen über Eisen.

Alles über Eisen für Hämochromatose-Patienten
Eisen besitzt eine wichtige Funktion bei der Blutbildung, so dass es bei einem ausgeprägten Eisenmangel zu einer Blutarmut (Anämie) kommt. Weltweit ist Eisenmangel der häufigste Mikronährstoffmangel von dem schätzungsweise 2 Milliarden Menschen betroffen sind. Für die Entstehung eines Eisenmangels ist der Gehalt eines Lebensmittels an Eisen nur ein Faktor unter mehreren. Es wird vielmehr bestimmt durch die Verluste infolge von Blutungen (Menstruation) sowie einem erhöhten Bedarf durch Wachstum und Schwangerschaft. Wichtig

ist außerdem in welcher Form Eisen in Lebensmittel vorkommt. Eisen, welches in Vollkorngetreideprodukten und Gemüse reichlich enthalten ist, wird schlechter resorbiert als Eisen aus Fleisch. Die Aufnahme von Eisen aus pflanzlichen Lebensmitteln ist von verschiedenen Faktoren abhängig: Durch Mitverzehr eines Vitamin-C-haltigen Lebensmittels (Obst, Gemüse) kann die Resorption allerdings erheblich gesteigert werden. Das Obst im Müsli hat deshalb nicht nur Geschmacksfunktion, sondern steigert auch die Absorption des Eisens aus den Getreideflocken. Die Eisen-Aufnahme aus pflanzlichen Lebensmitteln ist von verschiedenen Faktoren abhängig: Das Eisen in Lebensmitteln ist an andere Stoffe gebunden, die die Aufnahme hemmen, wie Lignin, Oxalsäure, Phytat und Phosphat, die in Getreide, Reis und Hülsenfrüchten vorkommen. Auch ist bekannt, dass Tannin (Gerbsäure) aus schwarzem Tee, Kaffee oder Rotwein, Calciumsalze und einige Medikamente die Aufnahme hemmen. Vitamin C, organische Säuren wie Zitronen- oder Milchsäure und die Aminosäuren (Eiweißbausteine) Methionin und Cystein fördern dagegen die Aufnahme von pflanzlichem und natürlich auch tierischem Eisen.

In schwarzem Tee sind viele Gerbsäuren enthalten, die Eisen binden können. Deshalb wird die Aufnahme von Eisen verschlechtert, wenn zu den Mahlzeiten schwarzer Tee getrunken wird (ebenso bei Kaffee). Neuere Studien zeigen allerdings dass der Effekt eher gering ist und keine Anämie erzeugen kann. Eine hohe Eisenzufuhr ist nach Forschungsergebnissen aus den letzten Jahre nicht unbedingt als positiv zu bewerten. Es sind negative Wirkungen auf den Dickdarm möglich und Eisen ist außerdem der limitierende Faktor für Bakterienwachstum im Körper. Deshalb hat wahrscheinlich Phytinsäure, die in Vollkorngetreideprodukten in großer Menge vorkommt und Eisen im Darm abbindet, nicht nur negative Wirkungen. Die Eisenaufnahme-hemmenden und Eisenaufnahme-fördernden Effekte sollten Patienten mit Hämochromatose in jedem Falle nutzen.

Förderung der Eisenaufnahme
- Ascorbinsäure
- organische Säuren (z. B. Citronensäure)
- Schwefelhaltige AS (z. B. Cystein)
- Proteine aus Fisch, Fleisch, Geflügel (Muskelgewebe)
- Möglicherweise auch Fruchtzucker

Hemmung der Eisenaufnahme
- Phytate
- Weizenkleie
- Polyphenole in Tee (Tannine), Kaffee (Chlorogensäure)
- Soja-/Milchproteine (Casein)
- Ei-Albumin
- Kalzium-Salze
- Phosphatate, Oxalate, Salicylate

Bei der Getreideverarbeitung durch Fermentation (durch Hefe) oder langes Einweichen wird die Phytase aktiviert, die die Eisenverfügbarkeit erhöht.

Eisen in der Ernährung des Menschen
Eine ganze Epoche der Menschheitsgeschichte von etwa 800 v.Chr. bis kurz vor Christi Geburt ist nach dem Element Eisen benannt (Eisenzeit). In dieser Zeit entdeckte der Mensch Eisen als wichtiges Ausgangsmaterial für Werkzeug und leider auch Waffen. **1681** setzt der

Engländer **Thomas Sydenham**[1] (1624-1689) das erstemal Eisen in der Medizin ein. Er beschrieb den Eisenmangel als „Bleichsucht" (Chlorose).

Tabelle: D_A_CH-Zufuhrempfehlungen für Eisen

Alter	Eisen (mg täglich)[2]	
	m	w
Säuglinge		
0 bis unter 4 Monate	0,5	
4 bis unter 12 Monate	8	
Kinder		
1 bis unter 4 Jahre	8	
4 bis unter 7 Jahre	8	
7 bis unter 10 Jahre	10	
10 bis unter 13 Jahre	12	15
13 bis unter 15 Jahre	12	15
Jugendliche und Erwachsene		
15 bis unter 19 Jahre	12	15
19 bis unter 25 Jahre	10	15
25 bis unter 51 Jahre	10	15
51 bis unter 65 Jahre	10	10
65 Jahre und älter	10	10
Schwangere		30
Stillende		20

Körpereigene Eisen-Reserven
Der menschliche Körper enthält etwa 2 bis 4 Gramm Eisen. Über 80 Prozent des Körperbestandes ist Funktionseisen; etwa 25 % liegen, an **Ferritin** und **Hämosiderin** gebunden, als Speichereisen in Leber und Milz vor. **Hämoglobin** und **Myoglobin** binden etwa 75 % des Körperbestandes an Eisen. In dieser Form dient Eisen der Sauerstoffversorgung.

Stoffwechsel von Eisen
Eisen wird im menschlichen Organismus zu 10 bis 15 % resorbiert. Hierfür muss es allerdings als **zweiwertiges Eisen** vorliegen (Fe^{2+}). Die Salzsäure des Magens begünstigt die Reduktion von **dreiwertigem Eisen** (Fe^{3+}) zu zweiwertigem Eisen (Fe^{2+}). Vitamin C bildet mit Eisen gut lösliche Komplexe und reduziert dreiwertiges zu dem besser resorbierbaren zweiwertigen Eisen. Aus diesem Grunde können Obst und Gemüse mit ihrem Vitamin C Gehalt einen wertvollen Beitrag zur Verbesserung der Eisenverfügbarkeit leisten. Auch andere organische Säure wie **Zitronensäure** und möglicherweise auch **Milchsäure** verbessern die Eisenresorption. Komplexbildende Stoffe wie **Phytin, Phosphat, Phospholipide** und **Gerbsäure** (enthalten in Tee und Kaffeebohnen) verhindern dagegen die Resorption.
Wichtige physiologische Funktionen des Eisens:

- **Sauerstofftransport und Speicherung.**

Eisen ist für den Transport und die Speicherung von Sauerstoff aus der Lunge zu den Geweben zuständig. Eisen ist Bestandteil von Hämoglobin und Myoglobin. In diesen

---

[1] www.historiadelamedicina.org/ sydenham.html
[2] D_A_CH Referenzwerte, S. 174

Verbindungen ist Eisen zweiwertig (Fe^{2+}). Hämoglobin dient dem Transport von Sauerstoff und Kohlendioxid. Myoglobin transportiert und speichert Sauerstoff in der Muskulatur.

- **Elektronentransport.**
Cytochrome sind für Elektronenübertragungen innerhalb der Atmungskette zuständig. Cytochrome sind Hämproteine, in denen Eisen gebunden ist und als Elektronenakzeptor fungiert.

- **Oxidation und Reduktion.**

Eisenmangel
Auch wenn es für Hämochromatose-Patienten kaum relevant ist, muss auch in diesem Zusammenhang darauf hingewiesen werden, dass Eisenmangel in der Welt extrem häufig ist. Menschen, die von der Eisenspeicherkrankheit Hämochromatose betroffen sind, leiden natürlich nicht darunter. Der Eisenmangel ist einer der am weitesten verbreiteten Mangelzustände bei Menschen überhaupt. Kinder, Jugendliche und Frauen sind am häufigsten betroffen. Ursachen eines Eisenmangels sind eine verminderte Zufuhr mit der Nahrung, ein gesteigerter Eisenverlust durch Blutungen oder eine gestörte Eisenresorption bei Malabsorptionen. Je nach Schweregrad werden drei Eisenmangelzustände unterschieden:[3]

1. Prälatenter Eisenmangel: Der prälatente Eisenmangel wird auch als Speichereisenmangel bezeichnet. Das im Körper gespeicherte Eisen ist von seinem normalen Wert von 800mg auf weniger als 200mg gesunken. Die Eisenkonzentration im Serum und die Hämoglobinkonzentrationen sind nicht verändert und liegen noch im Normalbereich. Der Speichereisenmangel ist klinisch unauffällig.

2. Latenter Eisenmangel: Neben der Verminderung des Körpereisens liegt eine Abnahme der Serumeisenkonzentration unter 60µg pro 100ml vor. Er wird auch als Transporteisenmangel definiert.

3. Manifester Eisenmangel: Diese Form des Mangels liegt vor, wenn neben der Verminderung des Speichereisens und der Serumeisenkonzentrationen die Hämoglobinkonzentration auf Werte unter 12g% abfallen.[4]

Bevor ein Eisenmangel latent wird, treten erste Frühsymptome wie Einrisse in den Mundwinkeln (Rhagaden), Störungen des Haar- und Nagelwachstums, Veränderungen von Haut-, Mund- und Speiseröhrenschleimhaut auf. Neben den geschilderten Symptomen führt ein Eisenmangel in der Schwangerschaft zu verringertem Geburtsgewicht und zu einem erhöhten Fehlgeburtsrisiko. Bei Kindern können physische und psychische Entwicklungsstörungen und eine erhöhte Infektanfälligkeit beobachtet werden. Eisenmangel sollte nicht nur durch diätetische Maßnahmen, sondern durch die Aufnahme von Eisenpräparaten behandelt werden. In der Regel sind diese Eisensupplemente oral einzunehmen. Eine solche Behandlung empfiehlt sich bei starken Blutverlusten, in der Schwangerschaft, bei Frühgeborenen, eventuell bei Jugendlichen, insbesondere bei Mädchen mit starken Periodenblutungen. In einigen klinischen Situationen ist eine parenterale Eisenzufuhr nicht umgänglich und effektiv. Darauf zu achten ist, dass eine intravenöse Zufuhr leicht zu Kreislaufkomplikationen führen kann.

---

[3] Kasper 2004, S. 61
[4] Kasper 2004, S. 61

Eisenüberversorgung
Eine Überdosierung tritt selten auf, da eine erhöhte Eisenaufnahme beim Gesunden ausgeschieden wird. Dennoch kann es durch die versehentliche Einnahme größerer Mengen an eisenhaltigen Medikamenten oder Präparaten zu einer Eisenvergiftung kommen. Dies ist bei Erwachsenen selten, bei Kindern sind diese Unglücksfälle, die einen tödlichen Ausgang haben können, jedoch häufiger. Die **Symptome** einer akuten Eisenvergiftung bestehen in heftigem Erbrechen, starken Magenschmerzen und Durchfall. Durch die hohen Flüssigkeitsverluste kann eine Schocksituation eintreten, die zum Tod führen kann. Weitere Ursachen einer Eisenüberversorgung können eine lang andauernde Eisenaufnahme, eine gesteigerte Eisenresorption, beispielsweise bei Alkoholismus, oder eine erhöhte Bluttransfusion sein.

Hämochromatose
Hämochromatose, auch als **Eisenspeicherkrankheit** bezeichnet, wurde im Jahr **1889** von **Friedrich Daniel von Recklinghausen**[5] zum ersten mal beschrieben. Es handelt sich hierbei um eine Erbkrankheit, von der Männer 10mal häufiger betroffen sind, als Frauen. Bei dieser Erkrankung kommt es auf Grund einer erhöhten Eisenaufnahme im Darm zu einer Erhöhung des Gesamteisengehalts des Menschen von zirka 4 bis 5g im Normbereich auf bis zu 80g. Die Erkrankung bricht frühestens nach dem 20. Lebensjahr, meist aber zwischen dem 40. und 60. Lebensjahr aus. Frauen erkranken zumeist nach der Menopause, also nach dem Ende ihrer Regelblutungen. Auf Grund geschlechtsspezifischer Unterschiede, wie z.B. der monatlichen Regelblutung der Frau, tritt eine Hämochromatose bei Männern rund 10mal häufiger, als bei Frauen auf. Die Folgen einer unbehandelten Hämochromatose sind starke Ermüdungserscheinungen, Gelenkprobleme, Diabetes mellitus, Hautpigmentierungen, Herzprobleme, Hormonstörungen und Leberzirrhose bis hin zum Leberkrebs. Ohne Therapie, die in einer regelmäßigen Blutabnahme (Aderlass) besteht, führt diese Erkrankung zu erheblichen Folgen mit einer deutlichen Einschränkung der Lebensqualität und –dauer. Dabei wird dem Patienten anfangs 1- 2 mal pro Woche zirka 500ml Blut, abgenommen. Damit können etwa 200 bis 400mg Eisen entfernt werden. Diese Aderlässe werden von den Patienten im allgemeinen problemlos vertragen.[6]

Natürliche Eisen-Quellen
Vollkornprodukte, Fleisch, Gemüse, Obst und Hülsenfrüchte sind für die Eisenzufuhr von Bedeutung. Allerdings wird das Eisen aus tierischen Lebensmitteln vom Körper besser resorbiert, als das Eisen aus pflanzlichen Lebensmitteln, da es in Form von zweiwertigem Eisen vorliegt. Fe^{2+} kann gegenüber Fe^{3+} besser vom Körper ausgenutzt werden.

---

[5] www.mrcophth.com/.../ vonrecklinghausen.html
[6] http://www.m-ww.de/krankheiten/stoffwechselkrankheiten/haemochromatose.html?page=2#symptome

Tabelle: Eisengehalt einiger Lebensmittel

Lebensmittel	Portion	Eisen in Milligramm	Prozent vom Tagesbedarf (Frauen 15mg Männer 10mg)
Schweineleber, gegart	150g	23,1	154/231
Pfifferlinge	125g	17,7	118/177
Spinat, gegart	150g	5,4	36/54
Rindfleisch, gegart	150g	4,6	31/46
Schweinefleisch, gegart	150g	3,7	25/37
Kalbsleberwurst	30g	2,2	15/22
Haferflocken	60g	2,8	18/28
Vollkornbrot	50g	1,3	9/13

Durchschnittliche Versorgung in der Bevölkerung
Die durchschnittliche tägliche Zufuhr von 10mg entspricht bei den Männern aller Altersgruppen den Empfehlungen. Bei den Mädchen im Alter zwischen 10 und 13 Jahren, aber auch bei den Kindern bis 13 Jahren, weiblichen Jugendlichen und Frauen bis zum Alter von 25 Jahren werden die Zufuhrempfehlungen nicht erreicht.[7] Nachfolgend eine ausführliche Eisen-Nährwert-Tabelle.

---

[7] Ernährungsbericht, 2004, S. 40/41

Eisen-Nährwert-Tabelle für Hämochromatose-Patienten

Lebensmittelmengen für 1,0 mg Eisen

Brot

29 g	Graubrot-Weizentoastbrot mit Schrotanteilen	254 kcal/100 g
35 g	Vollkornbrötchen mit Ölsamenzutaten	238 kcal/100 g
36 g	Vollkornbrot mit Ölsamen	204 kcal/100 g
37 g	Vollkornbrötchen	222 kcal/100 g
37 g	Grahambrot	212 kcal/100 g
38 g	Pumpernickel	188 kcal/100 g
38 g	Vollkornbrot	188 kcal/100 g
46 g	Brötchen-Roggenbrötchen	223 kcal/100 g
52 g	Knäckebrot	359 kcal/100 g
57 g	Graubrot-Mehrkornbrot	219 kcal/100 g
59 g	Graubrot-Weizenmischbrot	219 kcal/100 g
64 g	Brötchen mit Ölsamen	264 kcal/100 g
75 g	Brötchen	248 kcal/100 g
75 g	Baguette	248 kcal/100 g
79 g	Weißbrot-Weizenbrot	235 kcal/100 g
79 g	Fladenbrote	235 kcal/100 g
83 g	Paniermehl	358 kcal/100 g
87 g	Weißbrot-Toastbrot	253 kcal/100 g

Getreideerzeugnisse

8 g	Weizen Kleie	172 kcal/100 g
11 g	Hirse Flocken	354 kcal/100 g
11 g	Hirse ganzes Korn	331 kcal/100 g
11 g	Hirse Korn geschält	354 kcal/100 g
13 g	Weizen Keim	314 kcal/100 g
17 g	Hafer ganzes Korn	353 kcal/100 g
21 g	Roggen Vollkorn	294 kcal/100 g
21 g	Roggen Vollkornmehl	294 kcal/100 g
22 g	Getreideflocken	370 kcal/100 g
22 g	Hafer Flocken	370 kcal/100 g
24 g	Grünkern Vollkorn	325 kcal/100 g
29 g	Mehrkornflocken mit Zucker/Honig geröstet	315 kcal/100 g
29 g	Weizen Vollkornmehl	309 kcal/100 g
30 g	Müsli	352 kcal/100 g
30 g	Früchte-Müsli	340 kcal/100 g
30 g	Weizen Vollkorn	313 kcal/100 g
31 g	Buchweizen	341 kcal/100 g
32 g	Schoko-Müsli	390 kcal/100 g
34 g	Weizen Mehl Type 1050	334 kcal/100 g
34 g	Reis parboiled	351 kcal/100 g
36 g	Gerste Vollkorn	320 kcal/100 g
38 g	Roggen Mehl Type 1150	318 kcal/100 g
38 g	Reis ungeschält	350 kcal/100 g
50 g	Cornflakes	356 kcal/100 g
50 g	Gerste Perlgraupen	340 kcal/100 g

59 g	Puffmais	369 kcal/100 g
65 g	Weizen Mehl Type 405	337 kcal/100 g
65 g	Mehl	337 kcal/100 g
67 g	Mais Vollkorn	331 kcal/100 g
68 g	Weizen Mehl Type 550	337 kcal/100 g
91 g	Reis parboiled gegart	108 kcal/100 g
92 g	Puffreis mit Zucker/Honig geröstet	384 kcal/100 g
94 g	Puffreis	390 kcal/100 g
98 g	Reis ungeschält gegart	112 kcal/100 g
100 g	Weizen Grieß	326 kcal/100 g
100 g	Mais Grieß	345 kcal/100 g
111 g	Reiscrispies	378 kcal/100 g
167 g	Reis geschält	349 kcal/100 g
200 g	Mais Stärke	351 kcal/100 g
532 g	Reis geschält gegart	93 kcal/100 g

Dauer- und Feinbackwaren

23 g	Vollkornkeks	471 kcal/100 g
38 g	Printen	466 kcal/100 g
43 g	Lebkuchenteigbackwaren	413 kcal/100 g
47 g	Löffelbiskuit aus Biskuitmasse	414 kcal/100 g
49 g	Mohnkranz aus Hefeteig fettreich	335 kcal/100 g
57 g	Pfeffernüsse	396 kcal/100 g
58 g	Plätzchen aus Mürbeteig	489 kcal/100 g
58 g	Spekulatius aus Mürbeteig	489 kcal/100 g
59 g	Nußkuchen	456 kcal/100 g
60 g	Kokosmakronen	439 kcal/100 g
63 g	Kräcker	376 kcal/100 g
63 g	Kleinteile aus besonderen Teigen	480 kcal/100 g
63 g	Butterkeks	480 kcal/100 g
65 g	Sachertorte	338 kcal/100 g
65 g	Linzertorte	418 kcal/100 g
67 g	Zwieback	365 kcal/100 g
68 g	Laugengebäck	340 kcal/100 g
74 g	Windbeutel aus Brandmasse mit Sahne und Kirschen gefüllt	315 kcal/100 g
77 g	Nußhörnchen aus Hefeteig fettreich	390 kcal/100 g
77 g	Berliner (Pfannkuchen) aus Hefeteig fettarm	323 kcal/100 g
77 g	Fettgebackenes aus Hefeteig fettarm	323 kcal/100 g
78 g	Honigkuchen	305 kcal/100 g
81 g	Waffeln	554 kcal/100 g
82 g	Nußkranz aus Hefeteig fettreich	364 kcal/100 g
82 g	Eclairs mit Sahne gefüllt aus Brandmasse	294 kcal/100 g
82 g	Marzipanstollen aus Hefeteig fettreich	389 kcal/100 g
86 g	Marmorkuchen aus Rührmasse	391 kcal/100 g
87 g	Hefeteig	302 kcal/100 g
88 g	Kuchen aus Hefeteig fettarm mit Streusel	302 kcal/100 g
88 g	Hefezopf aus Hefeteig fettarm	302 kcal/100 g
88 g	Kuchen aus Hefeteig fettarm mit Rosinen	302 kcal/100 g
91 g	Plätzchen Kekse	499 kcal/100 g
93 g	Napfkuchen (Gugelhupf) aus Hefeteig	

	fettreich	350 kcal/100 g
96 g	Donau-Wellen aus Rührmasse	313 kcal/100 g
96 g	Sandkuchen	440 kcal/100 g
97 g	Kuchen aus Rührmasse	361 kcal/100 g
98 g	Croissant aus Blätterteig	508 kcal/100 g
100 g	Schnecken aus Hefeteig fettarm	336 kcal/100 g
101 g	Dresdner Stollen aus Hefeteig fettreich	408 kcal/100 g
104 g	Zwiebelkuchen	171 kcal/100 g
105 g	Baumkuchen	427 kcal/100 g
107 g	Erdnußflips	530 kcal/100 g
107 g	Brandteig	201 kcal/100 g
109 g	Gefüllter aufgeschnittener Kranz aus Hefeteig fettarm	359 kcal/100 g
109 g	Käsekuchen aus Mürbeteig	276 kcal/100 g
110 g	Kuchen	377 kcal/100 g
110 g	Obstpie mit Teigboden und -deckel aus Mürbeteig	424 kcal/100 g
111 g	Biskuit-Obsttorte	158 kcal/100 g
113 g	Bienenstich aus Hefeteig fettreich	300 kcal/100 g
115 g	Quarkstrudel	224 kcal/100 g
115 g	Frankfurter Kranz aus Sandmasse	364 kcal/100 g
118 g	Biskuitrolle	273 kcal/100 g
118 g	Mürbeteig	480 kcal/100 g
120 g	Buttercremetorte aus Biskuitmasse	316 kcal/100 g
120 g	Cremetorte	316 kcal/100 g
130 g	Obstkuchen aus Rührmasse	214 kcal/100 g
135 g	Schwarzwälder Kirschtorte	247 kcal/100 g
135 g	Torten	247 kcal/100 g
139 g	Obstkuchen aus Mürbeteig fettreich	229 kcal/100 g
139 g	Obstkuchen (allgemein)	229 kcal/100 g
142 g	Buntes Plundergebäck	309 kcal/100 g
143 g	Knabbergebäck	347 kcal/100 g
143 g	Salzstangen	347 kcal/100 g
143 g	Salzgebäck	347 kcal/100 g
148 g	Obstkuchen aus Hefeteig fettarm	144 kcal/100 g
149 g	Obstkuchen mit Steinobst	279 kcal/100 g
156 g	Apfelstrudel	165 kcal/100 g
158 g	Blätterteig	418 kcal/100 g
161 g	Käsesahnetorte	209 kcal/100 g
200 g	Obstkuchen Fertigmischung	519 kcal/100 g
292 g	Baiser	364 kcal/100 g

Eier und Teigwaren

14 g	Hühnerei Eigelb	349 kcal/100 g
26 g	Vollkornteigwaren ohne Ei	323 kcal/100 g
26 g	Vollkorneierteigwaren	333 kcal/100 g
44 g	Nudelteig Nudelerzeugnis	364 kcal/100 g
48 g	Hühnerei frisch	154 kcal/100 g
63 g	Eierteigwaren	352 kcal/100 g
63 g	Teigwaren (allgemein) Schnitt-/Bandnudeln	352 kcal/100 g
63 g	Hühnerei frisch gegart	149 kcal/100 g

67 g	Teigwaren ohne Ei	348 kcal/100 g
76 g	Vollkornteigwaren gegart	139 kcal/100 g
196 g	Teigwaren eifrei gegart	150 kcal/100 g
221 g	Eierteigwaren gegart	126 kcal/100 g
500 g	Hühnerei Eiweiß	50 kcal/100 g

Früchte oder Obst

26 g	Aprikose getrocknet	250 kcal/100 g
37 g	Feige getrocknet	284 kcal/100 g
39 g	Apfel getrocknet	278 kcal/100 g
41 g	Pflaumen getrocknet	261 kcal/100 g
46 g	Sanddornbeere Konzentrat	401 kcal/100 g
47 g	Weintrauben getrocknet	304 kcal/100 g
52 g	Dattel getrocknet	285 kcal/100 g
60 g	Banane getrocknet	291 kcal/100 g
63 g	Holunderbeere frisch	48 kcal/100 g
63 g	Holunderbeere Fruchtsaft	50 kcal/100 g
71 g	Obstmischung getrocknet	289 kcal/100 g
77 g	Passionsfrucht /Maracuja	80 kcal/100 g
79 g	Passionsfrucht Fruchtsaft	80 kcal/100 g
83 g	Johannisbeere schwarz frisch	57 kcal/100 g
91 g	Reineclaude frisch	63 kcal/100 g
100 g	Himbeere frisch	34 kcal/100 g
104 g	Erdbeere frisch	32 kcal/100 g
106 g	Hagebutte Konzentrat	247 kcal/100 g
111 g	Brombeere frisch	30 kcal/100 g
111 g	Johannisbeere rot frisch	43 kcal/100 g
125 g	Kiwi frisch	61 kcal/100 g
135 g	Heidelbeere frisch	42 kcal/100 g
154 g	Aprikose frisch	42 kcal/100 g
155 g	Aprikose frisch gegart	44 kcal/100 g
159 g	Stachelbeere frisch	44 kcal/100 g
160 g	Johann. schwarz Konfitüre	277 kcal/100 g
167 g	Avocado frisch	217 kcal/100 g
167 g	Sauerkirsche frisch	58 kcal/100 g
167 g	Feige frisch	63 kcal/100 g
170 g	Obstmischung Fruchtsaft	63 kcal/100 g
173 g	Sauerkirsche Fruchtsaft	58 kcal/100 g
181 g	Himbeere Konfitüre	269 kcal/100 g
182 g	Banane frisch	95 kcal/100 g
186 g	Aprikose Konserve abgetropft	78 kcal/100 g
186 g	Erdbeerkonfitüre	268 kcal/100 g
194 g	Brombeere Konfitüre	267 kcal/100 g
194 g	Johannisbeere rot Konfitüre	272 kcal/100 g
198 g	Sauerkirsche Konserve abgetropft	88 kcal/100 g
200 g	Mirabelle frisch	64 kcal/100 g
200 g	Weintrauben frisch	71 kcal/100 g
200 g	Rhabarber frisch	13 kcal/100 g
200 g	Nektarine frisch	57 kcal/100 g
200 g	Granatapfel frisch	78 kcal/100 g
207 g	Weintrauben Fruchtsaft	71 kcal/100 g

208 g	Pfirsich frisch	41 kcal/100 g
208 g	Apfel frisch	52 kcal/100 g
209 g	Kiwi Konfitüre	279 kcal/100 g
210 g	Apfel frisch gegart	54 kcal/100 g
213 g	Apfel Fruchtsaft	49 kcal/100 g
219 g	Heidelbeere Konfitüre	272 kcal/100 g
222 g	Zitrone frisch	56 kcal/100 g
226 g	Apfel frisch mit Küchenabfall	48 kcal/100 g
226 g	Himbeere Fruchtnektar	56 kcal/100 g
227 g	Pflaumen frisch	47 kcal/100 g
230 g	Mirabelle Konserve abgetropft	91 kcal/100 g
233 g	Pflaumen Fruchtsaft	49 kcal/100 g
234 g	Zitrone Fruchtsaft	100 kcal/100 g
236 g	Aprikose Konfitüre	272 kcal/100 g
238 g	Obstmischung frisch	86 kcal/100 g
238 g	Papaya frisch	13 kcal/100 g
241 g	Stachelbeere Konfitüre	272 kcal/100 g
243 g	Pfirsich Konserve abgetropft	76 kcal/100 g
248 g	Quitte Konfitüre	270 kcal/100 g
248 g	Sauerkirsche Konfitüre	277 kcal/100 g
250 g	Mango frisch	60 kcal/100 g
250 g	Wassermelone frisch	38 kcal/100 g
250 g	Orange frisch	47 kcal/100 g
250 g	Melone frisch	38 kcal/100 g
250 g	Süßkirsche frisch	63 kcal/100 g
250 g	Apfel geschält frisch	56 kcal/100 g
250 g	Ananas frisch	59 kcal/100 g
250 g	Zwetschge frisch	43 kcal/100 g
253 g	Obstmischung Konfitüre	274 kcal/100 g
253 g	Orange Fruchtsaft	45 kcal/100 g
260 g	Pflaumen Konserve abgetropft	81 kcal/100 g
270 g	Kaki frisch	71 kcal/100 g
272 g	Preiselbeere Konfitüre	270 kcal/100 g
272 g	Mirabelle Konfitüre	280 kcal/100 g
279 g	Süßkirsche Konserve abgetropft	91 kcal/100 g
279 g	Ananas Konserve abgetropft	87 kcal/100 g
279 g	Mango Konserve abgetropft	89 kcal/100 g
279 g	Apfel geschält Konserve abgetropft	86 kcal/100 g
294 g	Grapefruit frisch	50 kcal/100 g
302 g	Orange Konfitüre	273 kcal/100 g
302 g	Grapefruit Fruchtsaft	48 kcal/100 g
305 g	Obstmischung Fruchtnektar	72 kcal/100 g
307 g	Litchi Konserve abgetropft	98 kcal/100 g
325 g	Johannisbeere schwarz Fruchtnektar	70 kcal/100 g
333 g	Clementine frisch	46 kcal/100 g
333 g	Mandarine frisch	50 kcal/100 g
333 g	Sultaninen	298 kcal/100 g
333 g	Rosinen	298 kcal/100 g
347 g	Aprikose Fruchtnektar	58 kcal/100 g
353 g	Mandarine Konserve abgetropft	83 kcal/100 g
362 g	Obstmischung Konserve abgetropft	107 kcal/100 g

372 g	Apfel Fruchtnektar	65 kcal/100 g
385 g	Birne frisch	52 kcal/100 g
389 g	Birne frisch gegart	55 kcal/100 g
391 g	Birne Konserve abgetropft	84 kcal/100 g
407 g	Pfirsich Fruchtnektar	60 kcal/100 g
408 g	Johannisbeere rot Fruchtnektar	67 kcal/100 g
413 g	Birne frisch mit Küchenabfall	49 kcal/100 g
418 g	Sauerkirsche Fruchtnektar	61 kcal/100 g
431 g	Orange Fruchtnektar	63 kcal/100 g
500 g	Grapefruit Fruchtnektar	64 kcal/100 g
613 g	Birne Fruchtnektar	68 kcal/100 g
909 g	Satsuma frisch	46 kcal/100 g

Gemüse

12 g	Sauerampfer frisch	22 kcal/100 g
13 g	Sojabohnen getrocknet	416 kcal/100 g
15 g	Bohnen dick getrocknet	326 kcal/100 g
17 g	Kichererbsen getrocknet	325 kcal/100 g
18 g	Petersilienblatt frisch	53 kcal/100 g
18 g	Tomaten Konzentrat	175 kcal/100 g
23 g	Kräutermischung	45 kcal/100 g
24 g	Blattspinat frisch	17 kcal/100 g
26 g	Blattspinat gegart	19 kcal/100 g
28 g	Portulak frisch	27 kcal/100 g
28 g	Spinat tiefgefroren gegart	20 kcal/100 g
30 g	Schwarzwurzel frisch	17 kcal/100 g
32 g	Brunnenkresse frisch	19 kcal/100 g
32 g	Löwenzahn frisch	54 kcal/100 g
34 g	Schwarzwurzel frisch gegart	15 kcal/100 g
34 g	Kresse frisch	38 kcal/100 g
37 g	Mangold frisch	25 kcal/100 g
37 g	Fenchel frisch	25 kcal/100 g
43 g	Algen frisch	37 kcal/100 g
44 g	Fenchel frisch gegart	22 kcal/100 g
48 g	Mohrrübe frisch	26 kcal/100 g
48 g	Schwarzwurzel Konserve gegart	13 kcal/100 g
50 g	Feldsalat frisch	14 kcal/100 g
51 g	Mohrrübe Gemüsesaft	22 kcal/100 g
52 g	Mohrrübe frisch gegart	21 kcal/100 g
53 g	Schnittlauch frisch	27 kcal/100 g
54 g	Erbsen grün frisch	82 kcal/100 g
56 g	Erbsen grün frisch gegart	84 kcal/100 g
60 g	Erbsen grün tiefgefroren gegart	84 kcal/100 g
67 g	Radieschen frisch	15 kcal/100 g
67 g	Zucchini frisch	19 kcal/100 g
67 g	Radicchio frisch	14 kcal/100 g
67 g	Blumenkohlsuppe Trockenprodukt	367 kcal/100 g
69 g	Karottensalat Sauerkonserve	20 kcal/100 g
71 g	Zucchini frisch gegart	19 kcal/100 g
71 g	Endivien frisch	11 kcal/100 g
71 g	Knoblauch frisch	142 kcal/100 g

75 g	Mohrrübe Konserve gegart	17 kcal/100 g
80 g	Grünkohl frisch gegart	28 kcal/100 g
80 g	Erbsen grün Konserve gegart	70 kcal/100 g
83 g	Schalotte frisch	22 kcal/100 g
85 g	Broccoli frisch gegart	23 kcal/100 g
88 g	Gemüsemischung frisch gegart	34 kcal/100 g
89 g	Limabohne getrocknet gegart	80 kcal/100 g
91 g	Romanosalat frisch	16 kcal/100 g
96 g	Wachsbohnen gegart	32 kcal/100 g
97 g	Suppengrün frisch	24 kcal/100 g
100 g	Kopfsalat frisch	12 kcal/100 g
108 g	Rote Rübe frisch	42 kcal/100 g
111 g	Kohlrabi frisch	25 kcal/100 g
114 g	Grünkohl Konserve gegart	25 kcal/100 g
119 g	Porree frisch gegart	23 kcal/100 g
122 g	Rote Rübe frisch gegart	32 kcal/100 g
123 g	Kohlrabi frisch gegart	20 kcal/100 g
125 g	Rettich frisch	14 kcal/100 g
127 g	Meerrettich Konserve	40 kcal/100 g
128 g	Bohnen grün gegart	25 kcal/100 g
129 g	Rosenkohl frisch gegart	28 kcal/100 g
129 g	Bohnen grün tiefgefroren gegart	27 kcal/100 g
133 g	Gemüsepaprika grün frisch	20 kcal/100 g
135 g	Chicoree frisch	17 kcal/100 g
136 g	Wachsbohnen Konserve gegart	26 kcal/100 g
137 g	Kürbis frisch gegart	27 kcal/100 g
138 g	Perlzwiebel Konserve abgetropft	62 kcal/100 g
141 g	Paprikaschoten frisch gegart	20 kcal/100 g
142 g	Artischockenboden Konserve	12 kcal/100 g
145 g	Rote-Beete Sauerkonserve	30 kcal/100 g
146 g	Wirsingkohl frisch gegart	22 kcal/100 g
159 g	Blumenkohl frisch	23 kcal/100 g
159 g	Bohnensalat Sauerkonserve	20 kcal/100 g
161 g	Pastinake frisch	22 kcal/100 g
167 g	Weinsauerkraut frisch	17 kcal/100 g
167 g	Chinakohl frisch	14 kcal/100 g
168 g	Palmenherz Konserve gegart	26 kcal/100 g
172 g	Rote Rübe Konserve gegart	26 kcal/100 g
176 g	Mixed Pickles	36 kcal/100 g
181 g	Bohnen grün Konserve gegart	22 kcal/100 g
182 g	Gemüsepaprika rot frisch	37 kcal/100 g
183 g	Spargel frisch gegart	16 kcal/100 g
188 g	Blumenkohl frisch gegart	18 kcal/100 g
189 g	Knollensellerie frisch	19 kcal/100 g
190 g	Tomaten frisch gegart	20 kcal/100 g
192 g	Zuckermais frisch gegart	89 kcal/100 g
195 g	Pastinake frisch gegart	17 kcal/100 g
200 g	Sauerkraut frisch gegart	17 kcal/100 g
200 g	Weißkohl frisch	25 kcal/100 g
200 g	Zwiebeln frisch	28 kcal/100 g
200 g	Gurke frisch	12 kcal/100 g

200 g	Tomate rot frisch	17 kcal/100 g
200 g	Eisbergsalat frisch	13 kcal/100 g
200 g	Bleichsellerie frisch	17 kcal/100 g
200 g	Sellerie frisch	17 kcal/100 g
202 g	Gemüsemischung Trunk	12 kcal/100 g
210 g	Chinakohl frisch gegart	12 kcal/100 g
212 g	Gurke frisch gegart	12 kcal/100 g
214 g	Bleichsellerie gegart	17 kcal/100 g
220 g	Tomaten Gemüsesaft	15 kcal/100 g
225 g	Knollensellerie frisch gegart	15 kcal/100 g
227 g	Weiße Rübe frisch	26 kcal/100 g
231 g	Selleriesalat Sauerkonserve	16 kcal/100 g
236 g	Sauerkraut Konserve abgetropft	16 kcal/100 g
238 g	Zwiebeln frisch gegart	24 kcal/100 g
243 g	Cornichons Sauerkonserve	12 kcal/100 g
243 g	Gewürzgurken Sauerkonserve	12 kcal/100 g
244 g	Kohlrübe (Steckrübe) gegart	22 kcal/100 g
250 g	Zuckermais Konserve abgetropft	76 kcal/100 g
250 g	Weiße Rübe frisch gegart	21 kcal/100 g
253 g	Aubergine frisch gegart	17 kcal/100 g
256 g	Rotkohl frisch mit Küchenabfall	18 kcal/100 g
257 g	Weißkohl frisch gegart	20 kcal/100 g
262 g	Spargel Konserve gegart	14 kcal/100 g
262 g	Rotkohl frisch gegart	18 kcal/100 g
270 g	Tomaten Konserve gegart	16 kcal/100 g
321 g	Gemüsepaprika rot Konserve	23 kcal/100 g
370 g	Rotkohl Konserve gegart	15 kcal/100 g
500 g	Gartenkürbis frisch	13 kcal/100 g
667 g	Wurzel- und Knollengemüsesuppen Trockenprodukt	344 kcal/100 g

Hülsenfrüchte

8 g	Kürbiskern frisch	560 kcal/100 g
10 g	Sesam frisch	559 kcal/100 g
11 g	Mohn frisch	472 kcal/100 g
11 g	Pinienkern frisch	576 kcal/100 g
12 g	Leinsamen frisch	372 kcal/100 g
16 g	Sonnenblumenkern frisch	575 kcal/100 g
20 g	Hülsenfrüchte reif	278 kcal/100 g
24 g	Mandel süß frisch	570 kcal/100 g
24 g	Cashewnuß geröstet	595 kcal/100 g
26 g	Haselnuß frisch	636 kcal/100 g
29 g	Kokosnuß Raspeln	611 kcal/100 g
29 g	Paranuß frisch	660 kcal/100 g
33 g	Pistazie geröstet und gesalzen	615 kcal/100 g
40 g	Walnuß europäisch	654 kcal/100 g
40 g	Erbsen reif frisch gegart	145 kcal/100 g
40 g	Bohne weiß frisch gegart	112 kcal/100 g
43 g	Erdnuß geröstet	579 kcal/100 g
52 g	Studentenfutter mit Erdnüssen	484 kcal/100 g
55 g	Nüsse frisch	562 kcal/100 g

62 g	Kidney-Bohnen Konserve	63 kcal/100 g
63 g	Oliven grün gesäuert	143 kcal/100 g
63 g	Oliven schwarz gesäuert	353 kcal/100 g
75 g	Bohnen weiß reif Konserve gegart abgetropft	60 kcal/100 g
91 g	Hülsenfruchtgerichte Konservensuppen	61 kcal/100 g
100 g	Luzernensprossen (Alfalfa)	32 kcal/100 g
108 g	Edelkastanien (Maronen) geröstet	239 kcal/100 g
109 g	Edelkastanien (Marone) frisch gegart	168 kcal/100 g
110 g	Mungobohnensprossen	24 kcal/100 g
125 g	Getreidesprossen (Getreide gekeimt)	70 kcal/100 g
155 g	Linsen reif Konserve gegart abgetropft	28 kcal/100 g
270 g	Bambussprossen Kons. gegart abgetropft	11 kcal/100 g
1000 g	Kokosmilch	24 kcal/100 g

Vegetarische Lebensmittel

8 g	Sojaeiweiß texturiert	285 kcal/100 g
8 g	Sojamehl (entfettet) entbittert	197 kcal/100 g
10 g	Sojabohne geröstet	359 kcal/100 g
15 g	Sojafleisch mit Gewürzen Trockenprodukt	305 kcal/100 g
18 g	Vegetarische Bratlinge Trockenprodukt	298 kcal/100 g
23 g	Vegetarische Pasteten	212 kcal/100 g
25 g	Sojamilch flüssig	152 kcal/100 g
50 g	Bratlinge vegetarisch tiefgefroren	147 kcal/100 g
53 g	Tofu frisch	77 kcal/100 g
60 g	Sojaaufschnitt	266 kcal/100 g
93 g	Hefeextrakt (Hefeaufstrichpaste)	313 kcal/100 g
125 g	Sojawurst Konserve	293 kcal/100 g

Kartoffeln und Pilze

2 g	Pfifferling getrocknet	120 kcal/100 g
15 g	Pfifferling frisch	11 kcal/100 g
16 g	Steinpilz getrocknet	149 kcal/100 g
27 g	Topinambur frisch	31 kcal/100 g
32 g	Pfifferling Konserve	7 kcal/100 g
42 g	Kartoffelbreipulver	329 kcal/100 g
42 g	Kartoffelkloß gekocht Trockenprodukt	327 kcal/100 g
43 g	Kartoffelchips (verzehrsfertig)	536 kcal/100 g
56 g	Kartoffelstärke Mehl	341 kcal/100 g
84 g	Maniok (Cassava)	137 kcal/100 g
84 g	Champignon frisch	15 kcal/100 g
95 g	Champignon gegart	15 kcal/100 g
95 g	Pilze frisch gegart	15 kcal/100 g
100 g	Steinpilz frisch	20 kcal/100 g
100 g	Champignoncremesuppe Trockenprodukt	391 kcal/100 g
100 g	Tapioka	349 kcal/100 g
111 g	Champignon Konserve gegart abgetropft	14 kcal/100 g
111 g	Pilze Konserve gegart abgetropft	14 kcal/100 g
112 g	Waldpilze	15 kcal/100 g
118 g	Batate (Süßkartoffel)	111 kcal/100 g
203 g	Steinpilz Konserve	11 kcal/100 g

227 g	Shiitakepilz frisch	42 kcal/100 g
258 g	Kartoffeln geschält frisch gegart	69 kcal/100 g

Diätetische Lebensmittel

16 g	Vollkornzwieback für Diabetiker	352 kcal/100 g
16 g	Diabetikerbackwaren	352 kcal/100 g
18 g	Diabetikergebäck	414 kcal/100 g
31 g	Energieriegel mit Haselnußcreme	461 kcal/100 g
35 g	Diabetikerschokolade	409 kcal/100 g
44 g	Hirsebrot glutenfrei	253 kcal/100 g
49 g	Zwieback glutenfrei	435 kcal/100 g
71 g	Waffel-Maisbrot glutenfrei	335 kcal/100 g
80 g	Maiskeks glutenfrei	439 kcal/100 g
107 g	Wurst- und Fleischwaren fettarm	218 kcal/100 g
115 g	Mehlmischung für Brot glutenfrei	349 kcal/100 g
179 g	Kastanienbrot glutenfrei	178 kcal/100 g
203 g	Brot dunkel mit Johannisbrotkernmehl eiweißarm glutenfrei	222 kcal/100 g
205 g	Waffeln eiweißarm glutenfrei	370 kcal/100 g
246 g	Fruchtquark mit Süßstoff	73 kcal/100 g
336 g	Multi-Vitamin-Nektar mit Süßstoff	32 kcal/100 g
348 g	Konfitüre/Marmelade mit Zuckeraustauschstoff und Süßstoff	69 kcal/100 g
495 g	Orangensaft mit Süßstoff	22 kcal/100 g
1099 g	Fruchtdickmilch mit Süßstoff	62 kcal/100 g
1099 g	Fruchtjoghurt mit Süßstoff	64 kcal/100 g

Milch und Milchprodukte

58 g	Quark mit Kräutern Fettstufe	113 kcal/100 g
83 g	Schmelzkäse	328 kcal/100 g
87 g	Kaffeeweißer	549 kcal/100 g
111 g	Schmelzkäse Halbfettstufe	222 kcal/100 g
111 g	Scheiblette	271 kcal/100 g
122 g	Hartkäse Dreiviertelfettstufe	357 kcal/100 g
125 g	Magermilchpulver	368 kcal/100 g
143 g	Buttermilchpulver	380 kcal/100 g
154 g	Feta	237 kcal/100 g
154 g	Schafskäse	237 kcal/100 g
167 g	Vollmilchpulver	495 kcal/100 g
167 g	Parmesan	440 kcal/100 g
167 g	Esrom Vollfettstufe	314 kcal/100 g
178 g	Hartkäse Magerstufe	167 kcal/100 g
180 g	Joghurt mit Müsli	126 kcal/100 g
180 g	Dickmilch mit Müsli	124 kcal/100 g
182 g	Edelpilzkäse	304 kcal/100 g
200 g	Roquefort	361 kcal/100 g
200 g	Brie Rahmstufe	335 kcal/100 g
228 g	Schnittkäse Rahmstufe	357 kcal/100 g
250 g	Cheddar Rahmstufe	405 kcal/100 g
250 g	Jarlsberg Vollfettstufe	349 kcal/100 g

250 g	Tilsiter	354 kcal/100 g
250 g	Schnittkäse halbfest Dreiviertelfettstufe	242 kcal/100 g
250 g	Schnittkäse halbfest	291 kcal/100 g
250 g	Greyerzer	406 kcal/100 g
250 g	Klosterkäse Rahmstufe	342 kcal/100 g
250 g	Quark Magerstufe	75 kcal/100 g
250 g	Hartkäse	295 kcal/100 g
250 g	Chester	368 kcal/100 g
250 g	Hartkäse Rahmstufe	406 kcal/100 g
250 g	Schnittkäse halbfest Rahmstufe	323 kcal/100 g
250 g	Schnittkäse halbfest Doppelrahmstufe	425 kcal/100 g
250 g	Trappisten Vollfettstufe	338 kcal/100 g
250 g	Butterkäse	299 kcal/100 g
250 g	Schnittkäse halbfest Vollfettstufe	291 kcal/100 g
251 g	Schnittkäse halbfest Fettstufe	268 kcal/100 g
263 g	Ricotta Doppelrahmstufe	174 kcal/100 g
269 g	Trinkmilch mit Kakao/Schokolade	131 kcal/100 g
284 g	Schnittkäse Fettstufe	313 kcal/100 g
285 g	Schnittkäse Dreiviertelfettstufe	256 kcal/100 g
286 g	Romadur Halbfettstufe	179 kcal/100 g
289 g	Quark mit Früchten	103 kcal/100 g
328 g	Schnittkäse Vollfettstufe	344 kcal/100 g
333 g	Gouda	365 kcal/100 g
333 g	Edamer	354 kcal/100 g
333 g	Sauermilchkäse Magerstufe	131 kcal/100 g
333 g	Limburger	270 kcal/100 g
333 g	Weichkäse Vollfettstufe	275 kcal/100 g
333 g	Weichkäse Fettstufe	267 kcal/100 g
333 g	Weichkäse Rahmstufe	312 kcal/100 g
333 g	Camembert	288 kcal/100 g
333 g	Weichkäse Doppelrahmstufe	363 kcal/100 g
333 g	Stilton Doppelrahmstufe	462 kcal/100 g
333 g	Gorgonzola	357 kcal/100 g
333 g	Weichkäse Dreiviertelfettstufe	209 kcal/100 g
333 g	Weichkäse	275 kcal/100 g
333 g	Emmentaler Vollfettstufe	383 kcal/100 g
333 g	Raquelette Rahmstufe	343 kcal/100 g
333 g	Hartkäse Vollfettstufe	383 kcal/100 g
333 g	Bergkäse Vollfettstufe	384 kcal/100 g
333 g	Schnittkäse	354 kcal/100 g
334 g	Weichkäse Halbfettstufe	179 kcal/100 g
400 g	Mozarella	255 kcal/100 g
435 g	Fontina	382 kcal/100 g
500 g	Weichkäse 70% F.i.Tr.	408 kcal/100 g
500 g	Danablu Rahmstufe	345 kcal/100 g
538 g	Kondensmilch gezuckert 10 % Fett	343 kcal/100 g
714 g	Kondensmilch 10 % Fett	176 kcal/100 g
714 g	Blauschimmel Rahmstufe	359 kcal/100 g
714 g	Hüttenkäse Magerstufe	82 kcal/100 g
741 g	Buttermilch mit Fruchtzubereitung	75 kcal/100 g
769 g	Kaffeesahne	203 kcal/100 g

909 g	Saure Sahne 30 % Fett	288 kcal/100 g
909 g	Kondensmilch 4% Fett	111 kcal/100 g
909 g	Schlagsahne 30 % Fett	288 kcal/100 g
935 g	Joghurt mit Früchten	99 kcal/100 g
935 g	Joghurt vollfett mit Früchten	99 kcal/100 g
935 g	Dickmilch fettarm mit Früchten	83 kcal/100 g
935 g	Joghurt fettarm mit Früchten	83 kcal/100 g
990 g	Dickmilch 10 % mit Früchten	144 kcal/100 g
990 g	Joghurt 10% mit Früchten	144 kcal/100 g
1000 g	Quark Fettstufe	143 kcal/100 g
1000 g	Quark Halbfettstufe	100 kcal/100 g
1000 g	Hüttenkäse	102 kcal/100 g
1000 g	Kondensmilch 7.5 % Fett	133 kcal/100 g
1000 g	Saure Sahne 10 % Fett	117 kcal/100 g
1000 g	Saure Sahne 40 % Fett	391 kcal/100 g
1000 g	Saure Sahne 20 % Fett	204 kcal/100 g
1000 g	Buttermilch	36 kcal/100 g
1111 g	Molke	25 kcal/100 g
1250 g	Frischkäse	335 kcal/100 g
1250 g	Frischkäse Rahmstufe	281 kcal/100 g
1250 g	Frischkäse Doppelrahmstufe	335 kcal/100 g
1250 g	Frischkäsezubereitung	335 kcal/100 g
1639 g	Kuhmilch entrahmt gekocht	37 kcal/100 g
1667 g	Kuhmilch Trinkmilch entrahmt	36 kcal/100 g
1818 g	Joghurt entrahmt	38 kcal/100 g
1961 g	Kefir entrahmt	38 kcal/100 g
1961 g	Kuhmilch teilentrahmt gekocht	49 kcal/100 g
1961 g	Kuhmilch gekocht	65 kcal/100 g
2000 g	Dickmilch (Sauermilch) teilentrahmt	46 kcal/100 g
2000 g	Kuhmilch Trinkmilch fettarm	49 kcal/100 g
2000 g	Dickmilch (Sauermilch) entrahmt	34 kcal/100 g
2000 g	Kefir	50 kcal/100 g
2000 g	Joghurt teilentrahmt	46 kcal/100 g
2000 g	Dickmilch (Sauermilch) 10% Fett	119 kcal/100 g
2000 g	Joghurt vollfett	66 kcal/100 g
2000 g	Dickmilch (Sauermilch)	64 kcal/100 g
2000 g	Kuhmilch Trinkmilch vollfett	64 kcal/100 g
2000 g	Kuhmilch Vorzugsmilch vollfett	67 kcal/100 g
2500 g	Schwedenmilch vollfett	66 kcal/100 g

Nichtalkoholische Getränke

23 g	Kaffee Instantpulver trocken	339 kcal/100 g
59 g	Getränkepulver	383 kcal/100 g
227 g	Limonaden kalorienarm	3 kcal/100 g
227 g	Brausen kalorienarm	3 kcal/100 g
239 g	Fruchtsaftgetränke	47 kcal/100 g
256 g	Brausen	42 kcal/100 g
256 g	Limonaden	42 kcal/100 g
452 g	Cola Mix	45 kcal/100 g
495 g	Kaffee mit Zucker (Getränk)	10 kcal/100 g
500 g	Kaffee (Getränk)	2 kcal/100 g

503 g	Kaffee mit Kondensmilch und Zucker (Getränk)	14 kcal/100 g
508 g	Kaffee mit Kondensmilch (Getränk)	6 kcal/100 g
508 g	Kaffee mit Milch und Zucker (Getränk)	12 kcal/100 g
513 g	Kaffee mit Milch (Getränk)	4 kcal/100 g
1190 g	Kräutertee mit Zucker (Getränk)	9 kcal/100 g
1250 g	Kräutertee (Getränk)	1 kcal/100 g
1515 g	Kaffee-Ersatz mit Kondensmilch und Zucker (Getränk)	14 kcal/100 g
1538 g	Kaffee-Ersatz mit Zucker (Getränk)	10 kcal/100 g
1639 g	Kaffee-Ersatz mit Kondensmilch (Getränk)	6 kcal/100 g
1667 g	Kaffee-Ersatz (Getränk)	2 kcal/100 g
3333 g	Colagetränke kalorienarm	4 kcal/100 g
3333 g	Colagetränke (coffeinhaltig)	61 kcal/100 g
3846 g	Tee schwarz mit Milch und Zucker (Getränk)	10 kcal/100 g
4000 g	Tee schwarz mit Zucker (Getränk)	8 kcal/100 g
4762 g	Tee schwarz mit Milch (Getränk)	2 kcal/100 g
5000 g	Tee (Getränk)	0 kcal/100 g
7692 g	Trinkwasser	0 kcal/100 g

Alkoholische Getränke

141 g	Rotwein schwer	78 kcal/100 g
143 g	Eierlikör	285 kcal/100 g
167 g	Rotwein mittel Qualitätswein	66 kcal/100 g
167 g	Weißwein trocken	72 kcal/100 g
172 g	Weißwein Auslese (lieblich)	98 kcal/100 g
175 g	Glühwein	105 kcal/100 g
200 g	Sekt	79 kcal/100 g
200 g	Weißwein / Rotwein	74 kcal/100 g
200 g	Weißwein halbtrocken	74 kcal/100 g
229 g	Bowle Punsch	108 kcal/100 g
256 g	Likörwein süß und trocken	153 kcal/100 g
323 g	Apfelwein	66 kcal/100 g
400 g	Schorle	37 kcal/100 g
441 g	Bier mit Limonade	34 kcal/100 g
476 g	Malzbier	55 kcal/100 g
476 g	Bier alkoholarm (max. 1,5 Gew% Alkohol)	55 kcal/100 g
833 g	Rum	232 kcal/100 g
833 g	Cocktails	141 kcal/100 g
3333 g	Branntwein aus Getreide (Brände aus Getreide)	250 kcal/100 g
6667 g	Bier alkoholfrei (<0,5Gew% Alkohol)	26 kcal/100 g
8333 g	Bier Pils Hell	42 kcal/100 g
8333 g	Bier	42 kcal/100 g
9091 g	Klarer	185 kcal/100 g

Öle, Fette, Butter

50 g	Erdnußbutter/-mus	598 kcal/100 g
77 g	Maiskeimöl	883 kcal/100 g
167 g	Mayonnaise 80% Fett	744 kcal/100 g
313 g	Rindertalg	861 kcal/100 g

333 g	Salatmayonnaise 50% Fett	482 kcal/100 g
500 g	Butterschmalz	881 kcal/100 g
1000 g	Weizenkeimöl	880 kcal/100 g
1000 g	Sesamöl	881 kcal/100 g
1000 g	Rüböl (Rapsöl)	875 kcal/100 g
1000 g	Olivenöl	882 kcal/100 g
1111 g	Butter	741 kcal/100 g
1351 g	Lebertran	883 kcal/100 g
1562 g	Erdnußöl	880 kcal/100 g
1667 g	Margarine pflanzlich Linolsäure 30-50%	710 kcal/100 g
1667 g	Schweineschmalz/-fett	882 kcal/100 g
1667 g	Margarine zum Kochen	710 kcal/100 g
1667 g	Margarine Linolsäure >50%	709 kcal/100 g
2500 g	Butter halbfett - Milchhalbfett	383 kcal/100 g
3333 g	Sonnenblumenöl	883 kcal/100 g
3333 g	Margarine halbfett Linolsäure 30-50%	362 kcal/100 g
3333 g	Pflanzliche Öle Linolsäure 30% - 60%	883 kcal/100 g
5000 g	Kokosfett gehärtet	879 kcal/100 g
5000 g	Sojaöl	872 kcal/100 g

Zusatzstoffe

5 g	Maggi	224 kcal/100 g
5 g	Hefe	288 kcal/100 g
37 g	Sojasoße Fertigprodukt	70 kcal/100 g
43 g	Schaschlik-Grillsoße	75 kcal/100 g
50 g	Senf	86 kcal/100 g
50 g	Bratensoße (Trockenpulver)	149 kcal/100 g
50 g	Brühwürfel	149 kcal/100 g
63 g	Tomatenmark	74 kcal/100 g
65 g	Brühwürfel fettreich	318 kcal/100 g
71 g	Pudding-/Soßenpulver/Cremespeisenpulver	382 kcal/100 g
83 g	Tomatenketchup	110 kcal/100 g
101 g	Würzsoßen und andere Würzmittel	52 kcal/100 g
113 g	Barbecue-Grillsoße	146 kcal/100 g
121 g	Kräutersalz	22 kcal/100 g
200 g	Stärke	351 kcal/100 g
200 g	Tortengußpulver	351 kcal/100 g
200 g	Essig	19 kcal/100 g
333 g	Orangeat	309 kcal/100 g
333 g	Zitronat (Sukkade)	293 kcal/100 g
1000 g	Gelatine	343 kcal/100 g
1000 g	Speisesalz	0 kcal/100 g

Süßwaren

8 g	Kakaopulver	342 kcal/100 g
22 g	Zartbitterschokolade	497 kcal/100 g
24 g	Gummibonbons	189 kcal/100 g
24 g	Schokoladenüberzugsmassen	396 kcal/100 g
32 g	Nuß dragiert	590 kcal/100 g
33 g	Dragees	372 kcal/100 g
34 g	Pralinen gefüllt mit Sonstigem	502 kcal/100 g

35 g	Lakritze	375 kcal/100 g
42 g	Kakaogetränkepulver löslich	391 kcal/100 g
42 g	Milchschokolade Vollmilch-Nuß	522 kcal/100 g
43 g	Milchschokolade	537 kcal/100 g
43 g	Schokolade	537 kcal/100 g
44 g	Nougat	474 kcal/100 g
46 g	Müsli-Riegel	375 kcal/100 g
56 g	Nuß-Nougat-Creme süß	522 kcal/100 g
65 g	Marzipan	459 kcal/100 g
66 g	Erdnuß dragiert	530 kcal/100 g
67 g	Toffees	450 kcal/100 g
67 g	Weichkaramellen Bonbons	450 kcal/100 g
67 g	Sirup	322 kcal/100 g
70 g	Pralinen gefüllt mit Nüssen	455 kcal/100 g
77 g	Blütenhonig-Mischungen	307 kcal/100 g
93 g	Cremeeis	188 kcal/100 g
95 g	Schokolade gefüllt mit Sonstigem	346 kcal/100 g
96 g	Pralinen gefüllt mit Alkohol	387 kcal/100 g
101 g	Krokant	452 kcal/100 g
135 g	Geleefrüchte	329 kcal/100 g
158 g	Fruchtmischung-Kanditen	264 kcal/100 g
158 g	Kirsche kandiert	265 kcal/100 g
158 g	Cocktail-Kirsche	265 kcal/100 g
200 g	Kaugummi	387 kcal/100 g
273 g	Marmelade	280 kcal/100 g
273 g	Konfitüre Gelee Marmeladen	280 kcal/100 g
273 g	Konfitüre einfach	280 kcal/100 g
276 g	Gelee einfach	280 kcal/100 g
345 g	Zucker	406 kcal/100 g
345 g	Fruchtzucker	406 kcal/100 g
345 g	Milchzucker	406 kcal/100 g
345 g	Süßwaren	406 kcal/100 g
345 g	Traubenzucker	406 kcal/100 g
357 g	Schokolade weiß	542 kcal/100 g
395 g	Fruchteis	132 kcal/100 g
450 g	Sorbet	139 kcal/100 g
556 g	Pflaumenmus	196 kcal/100 g
730 g	Softeis	130 kcal/100 g
862 g	Rahmeis	249 kcal/100 g
1000 g	Zuckerwaren	391 kcal/100 g
1515 g	Milchspeiseeis	85 kcal/100 g
1667 g	Kunstspeiseeis	61 kcal/100 g

Fisch und Fischerzeugnisse

13 g	Jacobsmuschel	77 kcal/100 g
15 g	Auster frisch	63 kcal/100 g
15 g	Auster frisch gegart	65 kcal/100 g
20 g	Miesmuschel frisch gegart	69 kcal/100 g
25 g	Miesmuschel Konserve in Öl	225 kcal/100 g
30 g	Sardelle gesalzen	95 kcal/100 g
41 g	Sardine gegart	138 kcal/100 g

44 g	Sardine geräuchert	126 kcal/100 g
45 g	Tintenfisch tiefgefroren gegart	95 kcal/100 g
52 g	Stockfisch tiefgefroren	333 kcal/100 g
53 g	Sprotte frisch	215 kcal/100 g
53 g	Sardine Konserve in Öl	266 kcal/100 g
56 g	Sprotte geräuchert	226 kcal/100 g
57 g	Krabbe klein (Shrimps) gegart	93 kcal/100 g
57 g	Krebstiere (Krustentiere) gegart	93 kcal/100 g
59 g	Garnele frisch	102 kcal/100 g
67 g	Flußkrebs (Edelkrebs) gegart	92 kcal/100 g
70 g	Matjeshering gesalzen	282 kcal/100 g
71 g	Kaviar echt	259 kcal/100 g
88 g	Heringsfilet in Tomatensoße	184 kcal/100 g
89 g	Bismarckhering Konserve, abgetropft	180 kcal/100 g
91 g	Renke frisch gegart Fischzuschnitt	110 kcal/100 g
94 g	Brathering Konserve, abgetropft	193 kcal/100 g
97 g	Bückling	217 kcal/100 g
97 g	Languste Konserve abgetropft	101 kcal/100 g
100 g	Heringsfische Makrelen Thunfische gegart	137 kcal/100 g
100 g	Lachs frisch	131 kcal/100 g
101 g	Hummer frisch gegart	88 kcal/100 g
101 g	Makrele frisch gegart Fischzuschnitt	210 kcal/100 g
102 g	Thunfisch frisch gebraten Fischzuschnitt	253 kcal/100 g
106 g	Lachs geräuchert	138 kcal/100 g
109 g	Scholle frisch gegart Fischzuschnitt	105 kcal/100 g
112 g	Lachsfische gegart	98 kcal/100 g
112 g	Barsch frisch gegart Fischzuschnitt	93 kcal/100 g
115 g	Hering Konserve in Öl	335 kcal/100 g
120 g	Schleie frisch gegart Fischzuschnitt	89 kcal/100 g
122 g	Seezunge frisch gegart Fischzuschnitt	98 kcal/100 g
126 g	Thunfisch Konserve in Öl	347 kcal/100 g
126 g	Makrele Konserve in Öl	316 kcal/100 g
130 g	Heringsfilet in Sahne-Meerrettichcreme	176 kcal/100 g
134 g	Zander frisch gegart Fischzuschnitt	96 kcal/100 g
136 g	Dorschartige Fische gegart	95 kcal/100 g
143 g	Rotbarsch frisch gegart Fischzuschnitt	125 kcal/100 g
144 g	Karpfen frisch gegart Fischzuschnitt	122 kcal/100 g
147 g	Forelle frisch gegart Fischzuschnitt	123 kcal/100 g
153 g	Forelle geräuchert	120 kcal/100 g
160 g	Schellfisch frisch gegart Fischzuschnitt	91 kcal/100 g
163 g	Aal frisch Fischzuschnitt gegart	266 kcal/100 g
164 g	Hecht frisch gegart Fischzuschnitt	93 kcal/100 g
166 g	Wels frisch gegart Fischzuschnitt	161 kcal/100 g
178 g	Aal geräuchert	290 kcal/100 g
179 g	Heilbutt frisch gegart Fischzuschnitt	113 kcal/100 g
182 g	Flunder frisch gegart Fischzuschnitt	112 kcal/100 g
183 g	Kaviarersatz	102 kcal/100 g
196 g	Steinbutt frisch gegart Fischzuschnitt	98 kcal/100 g
196 g	Dornhai(Seeaal)/Schillerlocke	154 kcal/100 g
196 g	Fische gegart	96 kcal/100 g
213 g	Fischstäbchen paniert tiefgefroren	118 kcal/100 g

222 g	Kabeljau tiefgefroren gegart	90 kcal/100 g
261 g	Schwarzer Heilbutt geräuchert	186 kcal/100 g
313 g	Seeteufel frisch	74 kcal/100 g

Fleisch

31 g	Rind Filet (Lende) (ma) frisch gegart	152 kcal/100 g
31 g	Rind Fleisch (mf) frisch gegart	180 kcal/100 g
32 g	Kalb Vorderhaxe (mf) frisch gegart	174 kcal/100 g
32 g	Rind Fleisch (fe) frisch gegart	208 kcal/100 g
33 g	Rind Fleisch (ma) frisch gegart	151 kcal/100 g
33 g	Kalb Rücken (Kotelett) (mf) frisch gegart	172 kcal/100 g
37 g	Rind Hackfleisch gegart	223 kcal/100 g
37 g	Fleisch gegart	223 kcal/100 g
40 g	Schwein Fleisch gegart	201 kcal/100 g
42 g	Schaf Kotelett (mf) frisch gegart	259 kcal/100 g
43 g	Schwein Kotelett (mf) frisch gegart	211 kcal/100 g
43 g	Schaf Fleisch (ma) frisch gegart	180 kcal/100 g
46 g	Tatar (Schabefleisch) frisch	114 kcal/100 g
46 g	Rind/Schwein Hackfleisch gegart	239 kcal/100 g
47 g	Schaf Bratenfleisch (mf) frisch gegart	270 kcal/100 g
48 g	Schwein Eisbein vorn (mf) frisch gegart (gekocht)	209 kcal/100 g
49 g	Schaf Fleisch (fe) frisch gegart	307 kcal/100 g
50 g	Kalb Fleisch (mf) frisch gegart	152 kcal/100 g
50 g	Kalb Fleisch gegart	152 kcal/100 g
50 g	Kalb Fleisch (ma) frisch gegart	137 kcal/100 g
52 g	Fleisch frisch	202 kcal/100 g
57 g	Schwein Fleisch mittelfett (mf)	177 kcal/100 g
59 g	Schwein Schnitzel	107 kcal/100 g
59 g	Corned Beef deutsch Konserve	126 kcal/100 g
62 g	Schwein Fleisch gepökelt geräuchert	140 kcal/100 g
63 g	Schwein Fleisch fett (fe)	215 kcal/100 g
65 g	Schwein Fleisch gepökelt ungeräuchert	137 kcal/100 g
68 g	Gulaschsuppe Konserve	110 kcal/100 g
69 g	Ochsenschwanzsuppe klar Trockenprodukt	126 kcal/100 g
74 g	Ragout Fin Konserve	133 kcal/100 g
78 g	Schwein Hackfleisch gegart	264 kcal/100 g
92 g	Schwein Fleisch mager (ma)	136 kcal/100 g
151 g	Bratensoße mit Pilzen Konserve	52 kcal/100 g
163 g	Bratensoße dunkel Konserve	52 kcal/100 g
176 g	Brät frisch	285 kcal/100 g

Wild, Geflügel, Innereien

7 g	Schwein Leber gegart	123 kcal/100 g
9 g	Kalb Niere gegart	116 kcal/100 g
10 g	Schwein Niere gegart	115 kcal/100 g
11 g	Rind Niere gegart	102 kcal/100 g
11 g	Brathähnchen Leber gegart	147 kcal/100 g
13 g	Kalb Leber gegart	147 kcal/100 g
15 g	Rind Leber gegart	147 kcal/100 g
20 g	Rind Herz gegart	103 kcal/100 g

20 g	Schwein Lunge gegart	102 kcal/100 g
24 g	Schwein Herz gegart	108 kcal/100 g
24 g	Pferd Fleisch gegart	154 kcal/100 g
25 g	Wachtel Fleisch mit Haut frisch	175 kcal/100 g
30 g	Schwein Zunge gegart	197 kcal/100 g
32 g	Reh Fleisch (mf) frisch gegart	160 kcal/100 g
34 g	Rind Zunge gegart	188 kcal/100 g
35 g	Hase Fleisch (ma) frisch gegart	153 kcal/100 g
35 g	Kalb Zunge gegart	174 kcal/100 g
42 g	Hirsch Fleisch (mf) frisch gegart	149 kcal/100 g
42 g	Ente Fleisch (mf) frisch	226 kcal/100 g
47 g	Schwein Magen gegart	152 kcal/100 g
47 g	Gans Fleisch mit Haut frisch gegart	279 kcal/100 g
49 g	Gans Schenkel frisch gegart	186 kcal/100 g
51 g	Taube Fleisch mit Haut frisch gegart	245 kcal/100 g
51 g	Brathähnchen Schenkel frisch gegart	214 kcal/100 g
52 g	Pute Schenkel frisch gegart	189 kcal/100 g
52 g	Rind Magen/Kutteln gegart	98 kcal/100 g
53 g	Kalb Bries gegart	105 kcal/100 g
57 g	Ferkel Fleisch (mf) frisch	177 kcal/100 g
57 g	Ziege Fleisch (mf) frisch gegart	191 kcal/100 g
67 g	Baby-Pute frisch	151 kcal/100 g
71 g	Pute Fleisch mit Haut	216 kcal/100 g
71 g	Suppenhuhn Fleisch mit Haut	257 kcal/100 g
72 g	Hauskaninchen Fleisch gegart	188 kcal/100 g
74 g	Suppenhuhn Schenkel frisch gegart	304 kcal/100 g
75 g	Pute Fleisch mit Haut frisch gegart	253 kcal/100 g
100 g	Pute Brust frisch	107 kcal/100 g
200 g	Brathähnchen Brustfilet frisch	102 kcal/100 g

Fleischwaren

6 g	Hausmacher Blutwurst	344 kcal/100 g
10 g	Filetblutwurst	247 kcal/100 g
13 g	Kalbsleberwurst	317 kcal/100 g
14 g	Leberwurst fein	328 kcal/100 g
15 g	Leberpastete	299 kcal/100 g
24 g	Schwartenmagen	181 kcal/100 g
26 g	Leberwurst einfach	330 kcal/100 g
32 g	Gefüllte Kalbsbrust	192 kcal/100 g
50 g	Frankfurter Rindswurst/Rote	250 kcal/100 g
56 g	Salami	360 kcal/100 g
57 g	Leberkäse	269 kcal/100 g
61 g	Sülzen und Aspik	109 kcal/100 g
61 g	Weißer Preßkopf	220 kcal/100 g
62 g	Schwein Schinken roh geräuchert (Lachsschinken)	116 kcal/100 g
65 g	Pökelwaren Rippchen/Schälrippchen	147 kcal/100 g
68 g	Kasseler	172 kcal/100 g
70 g	Cervelatwurst	370 kcal/100 g
73 g	Braunschweiger Mettwurst	365 kcal/100 g
76 g	Weißwurst Münchener	271 kcal/100 g

76 g	Krakauer	299 kcal/100 g
78 g	Cabanossi	451 kcal/100 g
79 g	Geflügelmortadella	174 kcal/100 g
82 g	Landjäger	457 kcal/100 g
83 g	Bauernbratwurst	306 kcal/100 g
91 g	Bierwurst	252 kcal/100 g
94 g	Mortadella Konserve	309 kcal/100 g
97 g	Schwein Speck roh geräuchert	320 kcal/100 g
99 g	Schwein Schinken gekocht ungeräuchert	113 kcal/100 g
100 g	Teewurst	367 kcal/100 g
101 g	Rostbratwurst	329 kcal/100 g
102 g	Schinkenwurst	294 kcal/100 g
104 g	Schinkenwurst grob/Lyoner grob	293 kcal/100 g
107 g	Jagdwurst (Süddeutsche und Norddeutsche)	218 kcal/100 g
110 g	Wiener Würstchen Konserve	304 kcal/100 g
122 g	Fleischkäse	302 kcal/100 g
127 g	Würstchen/Bockwurst/Wiener Würstchen	296 kcal/100 g
127 g	Bockwurst	296 kcal/100 g
128 g	Curry-Bratwurst	273 kcal/100 g
129 g	Knackwurst/Servela	283 kcal/100 g
129 g	Fleischwurst / Stadtwurst	283 kcal/100 g
138 g	Gelbwurst	285 kcal/100 g

Rezepte

23 g	Leberspätzle (R)	181 kcal/100 g
24 g	Schlachtplatte (R)	170 kcal/100 g
25 g	Leberknödel (R)	174 kcal/100 g
28 g	Weincreme (R)	279 kcal/100 g
34 g	Rumpsteak (R)	235 kcal/100 g
37 g	Fleischsalat (R)	196 kcal/100 g
39 g	Pizza (R)	292 kcal/100 g
44 g	Lammkotelett gebraten (R)	285 kcal/100 g
44 g	Wurst gemischt (R)	271 kcal/100 g
44 g	Hamburger (R)	223 kcal/100 g
47 g	Kebab, Gyros (R)	226 kcal/100 g
47 g	Schweinekotlett (R)	240 kcal/100 g
54 g	Frikadelle (R)	250 kcal/100 g
55 g	Putenschnitzel (R)	225 kcal/100 g
55 g	Rinderroulade (R)	152 kcal/100 g
57 g	Mohrrübensalat (R)	109 kcal/100 g
60 g	Hackbraten (R)	225 kcal/100 g
60 g	Erbsen u. Möhrengemüse (R)	113 kcal/100 g
62 g	Möhrensalat gegart mit Öl (R)	76 kcal/100 g
62 g	Schweineschnitzel natur (R)	151 kcal/100 g
65 g	Schweineschnitzel paniert (R)	174 kcal/100 g
65 g	Wiener Schnitzel (R)	179 kcal/100 g
66 g	Ravioli mit Tomatensoße (R)	178 kcal/100 g
68 g	Rührei mit Speck/Schinken (R)	191 kcal/100 g
70 g	Rühreier (R)	211 kcal/100 g
71 g	Cannelloni (R)	157 kcal/100 g
71 g	Maultaschen (R)	262 kcal/100 g

72 g	Fischkonserve (R)	212 kcal/100 g
74 g	Dampfnudeln (R)	277 kcal/100 g
76 g	Eiersalat (R)	204 kcal/100 g
76 g	Spiegeleier (R)	253 kcal/100 g
78 g	Paprika gefüllt mit Hackfleisch (R)	115 kcal/100 g
79 g	Cheeseburger (R)	279 kcal/100 g
81 g	Pommes Frites (R)	276 kcal/100 g
81 g	Spaghetti Bolognese (R)	214 kcal/100 g
82 g	Omelett (R)	177 kcal/100 g
83 g	Rindergulasch (R)	94 kcal/100 g
85 g	Krapfen Beignets (R)	417 kcal/100 g
86 g	Paella (R)	82 kcal/100 g
87 g	Nasi Goreng (R)	121 kcal/100 g
92 g	Schaschlikspieß (R)	99 kcal/100 g
94 g	Gemüseplatte (R)	85 kcal/100 g
96 g	Bohneneintopf mexikanisch (R)	65 kcal/100 g
96 g	Lasagne mit Hackfleisch (R)	215 kcal/100 g
97 g	Maultaschen in der Brühe (R)	137 kcal/100 g
98 g	Eintopf mit Rindfleisch (R)	73 kcal/100 g
99 g	Eier in Senfsauce (R)	121 kcal/100 g
100 g	Hühnerfrikassee (R)	196 kcal/100 g
101 g	Frühlingsrolle (R)	156 kcal/100 g
104 g	Semmelknödel (R)	144 kcal/100 g
105 g	Gemüsesalat mit Dressing (R)	106 kcal/100 g
106 g	Nudelgerichte mit Fleisch (R)	188 kcal/100 g
106 g	Mayonnaise (R)	790 kcal/100 g
111 g	Gemüseauflauf (R)	118 kcal/100 g
113 g	Käsespätzle (R)	255 kcal/100 g
113 g	Blattsalat mit Öl (R)	87 kcal/100 g
115 g	Salate (R)	117 kcal/100 g
116 g	Lasagne mit Gemüse (R)	159 kcal/100 g
117 g	Brötchen belegt (R)	327 kcal/100 g
117 g	Kohlrouladen (R)	118 kcal/100 g
119 g	Geflügelsalat (R)	141 kcal/100 g
120 g	Gemüsemischung roh (R)	21 kcal/100 g
121 g	Tomatensoße (R)	78 kcal/100 g
121 g	Weinschaumsoße (R)	164 kcal/100 g
122 g	Königsberger Klopse (R)	123 kcal/100 g
123 g	Serbisches Reisfleisch (R)	88 kcal/100 g
124 g	Kartoffelklöße (R)	109 kcal/100 g
124 g	Eierpfannkuchen (R)	170 kcal/100 g
127 g	Kartoffelkroketten (R)	223 kcal/100 g
129 g	Fleischkäse gebraten (R)	335 kcal/100 g
131 g	Kartoffeleintopf mit Fleisch (R)	65 kcal/100 g
133 g	Pfannkuchen süß (R)	190 kcal/100 g
133 g	Rohkostsalat mit Öl (R)	84 kcal/100 g
134 g	Nudelgericht mit Gemüse (R)	84 kcal/100 g
134 g	Gemüserisotto (R)	108 kcal/100 g
134 g	Bratwurst (R)	302 kcal/100 g
136 g	Nudelgerichte mit Gemüse (R)	120 kcal/100 g
136 g	Toast mit Käse und Schinken (R)	281 kcal/100 g

137 g	Linseneintopf mit Wurst (R)	87 kcal/100 g
139 g	Blattsalate mit Joghurt (R)	27 kcal/100 g
142 g	Linsengemüse (R)	89 kcal/100 g
144 g	Ratatouille (R)	42 kcal/100 g
144 g	Käsefondue (R)	323 kcal/100 g
147 g	Fischfrikadelle (R)	106 kcal/100 g
148 g	Apfelmus (R)	102 kcal/100 g
148 g	Bohnensalat grün gegart mit Öl (R)	108 kcal/100 g
149 g	Eintopf (R)	57 kcal/100 g
149 g	Kartoffelpuffer (R)	153 kcal/100 g
150 g	Rohkostsalat mit Joghurt (R)	30 kcal/100 g
150 g	Griechischer Salat (R)	87 kcal/100 g
151 g	Blattsalat mit Dressing (R)	79 kcal/100 g
152 g	Toast Hawai (R)	192 kcal/100 g
153 g	Müsli mit Milch/Zucker/Obst (R)	124 kcal/100 g
154 g	Eis, Sorbet (R)	163 kcal/100 g
160 g	Schupfnudeln (R)	146 kcal/100 g
170 g	Irish Stew (R)	69 kcal/100 g
173 g	Fisch paniert (R)	141 kcal/100 g
174 g	Lauchgemüse (R)	66 kcal/100 g
178 g	Nudelsalat mit Mayonaise (R)	205 kcal/100 g
180 g	Rote Grütze (R)	81 kcal/100 g
180 g	Wurst/Käsesalat (R)	306 kcal/100 g
192 g	Eis mit Sahne (R)	195 kcal/100 g
193 g	Zwetschgenknödel (R)	76 kcal/100 g
205 g	Erbseneintopf mit Würstchen (R)	63 kcal/100 g
205 g	Fischfrikasee (R)	139 kcal/100 g
209 g	Obstmischung (R)	58 kcal/100 g
209 g	Kartoffelsuppe (R)	81 kcal/100 g
212 g	Gemüsesuppe mit Wurst (R)	64 kcal/100 g
213 g	Obstsalate (R)	135 kcal/100 g
214 g	Mokkacreme (R)	115 kcal/100 g
217 g	Reissalat (R)	132 kcal/100 g
221 g	Krautsalat (R)	97 kcal/100 g
221 g	Nudeln, Spätzle (R)	126 kcal/100 g
222 g	Eis mit Früchten, Sahne und Alkohol (R)	139 kcal/100 g
222 g	Fisch in Kräutersoße (R)	115 kcal/100 g
223 g	Vanilleeis (R)	169 kcal/100 g
224 g	Tomatensalat (R)	102 kcal/100 g
225 g	Eis mit Früchten (R)	155 kcal/100 g
228 g	Makkaroni mit Tomatensoße (R)	153 kcal/100 g
229 g	Bratkartoffeln mit Speck und Zwiebeln (R)	114 kcal/100 g
234 g	Fischstäbchen frittiert (R)	187 kcal/100 g
237 g	Fischfilet gebraten (R)	116 kcal/100 g
240 g	Gemüsesuppe (R)	23 kcal/100 g
250 g	Gurkensalat (R)	24 kcal/100 g
252 g	Quarkauflauf mit Äpfel (R)	138 kcal/100 g
255 g	Kartoffelsalat (R)	119 kcal/100 g
257 g	Käseplatte (R)	308 kcal/100 g
258 g	Minestrone (Gemüseeintopf) (R)	31 kcal/100 g
258 g	Pellkartoffeln (R)	69 kcal/100 g

262 g	Salzkartoffeln (R)	67 kcal/100 g
268 g	Rösti (R)	94 kcal/100 g
276 g	Tomatencremesuppe (R)	62 kcal/100 g
281 g	Käsesalat (R)	269 kcal/100 g
287 g	Kompott gemischt (R)	96 kcal/100 g
298 g	Bratkartoffeln (R)	164 kcal/100 g
301 g	Kartoffelgratin (R)	133 kcal/100 g
306 g	Schokoladensoße (R)	122 kcal/100 g
313 g	Bechamelsoße (R)	101 kcal/100 g
335 g	Grundsoße mit Senf (R)	53 kcal/100 g
339 g	Sahne-Frucht-Eis (R)	195 kcal/100 g
350 g	Kartoffelbrei (R)	83 kcal/100 g
362 g	Obst, Kompott (R)	107 kcal/100 g
368 g	Gemüsebrühe (R)	15 kcal/100 g
417 g	Suppen mit Einlage gebunden (R)	53 kcal/100 g
433 g	Quarkspeise roh mit Früchten (R)	178 kcal/100 g
445 g	Soße holländisch (R)	360 kcal/100 g
472 g	Essigmarinade (R)	510 kcal/100 g
472 g	Bratensoße flüssig (R)	15 kcal/100 g
489 g	Zaziki (R)	58 kcal/100 g
522 g	Vanillesoße (R)	94 kcal/100 g
600 g	Grießbrei (R)	125 kcal/100 g
603 g	Milchreis (R)	156 kcal/100 g
623 g	Flammerie, Pudding (R)	111 kcal/100 g
643 g	Quarkspeisen, Joghurt (R)	119 kcal/100 g
658 g	Fleischbrühe (R)	29 kcal/100 g
693 g	Nudelsuppe (R)	33 kcal/100 g
750 g	Gebundene Suppe (R)	41 kcal/100 g
798 g	Grundsoße weiß (R)	50 kcal/100 g
1093 g	Spargelcremesuppe (R)	30 kcal/100 g
1130 g	Klare Suppe mit Einlage (R)	10 kcal/100 g
2000 g	Götterspeise (R)	58 kcal/100 g

Legende:
R = Rezept
g = Gramm
kcal = Kilokalorien
ma = mager
mf = mittelfett
fe = fett
% = Prozent
F.i.Tr. = Fett in der Trockenmasse (Angabe des Fettgehalts auf Käse)

Grundsätzlich sollten sich Hämochromatose-Patienten nicht Eisen-reich ernähren. Sie sollen den Eisengehalt der Lebensmittel und Speisen genau kennen. Dabei hilft die Eisen-Nährwert-Tabelle. Wenn Sie weitere Angaben über Nährstoffe suchen, ist die Anschaffung des Kalorien-Nährwert-Lexikon sinnvoll. Hat die Eisenspeicherkrankheit bereits die Leber geschädigt, sollte eine spezielle Diät eingehalten werden. Weitere Informationen dazu sind dem Ernährungsratgeber Leberzirrhose oder dem Buch Köstlich essen für Leber und Galle zu entnehmen. Nachfolgend die Adressem der Hämochromatose-Organisation und der Deutschen Leberhilfe:

Hämochromatose-Vereinigung Deutschland e.V. (HVD)
Linder Weg 88 A
51147 Köln
Tel./Fax: 02203 - 69 65 31
Service-Tel./Fax: 0700 - 48 33 86 74
E-Mail: info@haemochromatose.org
www.haemochromatose.org

Deutsche Leberhilfe e.V.
Krieler Str. 100
50935 Köln
Telefon: 0221 / 28 299-80
Telefax: 0221 / 28 299-81
info@leberhilfe.org
www.leberhilfe.org

Autor:
Sven-David Müller, MSc.
Master of Science in Applied Nutritional Medicine (Angewandte Ernährungsmedizin), staatlich anerkannter Diätassistent und Diabetesberater der Deutschen Diabetes Gesellschaft

Zentrum und Praxis für Ernährungskommunikation, Diätberatung und Gesundheitspublizistik (ZEK)

Ostheimer Straße 27d
61130 Nidderau-Windecken bei Frankfurt am Main

www.svendavidmueller.de
info@svendavidmueller.de

Coverbild: pixabay.com